好厉害的鼹鼠

〔日〕绫井亚希子 / 著绘

丁虹 / 译

四川科学技术出版社

·成都·

1

田野中拱起好几个小土堆。

是谁在挖土吗?
谁会这么挖呢?

2

啊，原来是——

鼹鼠。

森林和灌木丛、

旱田和水田、

公园、

校园……

这些地方对鼹鼠来说都是好的栖息地。
鼹鼠会在下面挖洞居住。

4

这是鼹鼠的前脚掌。

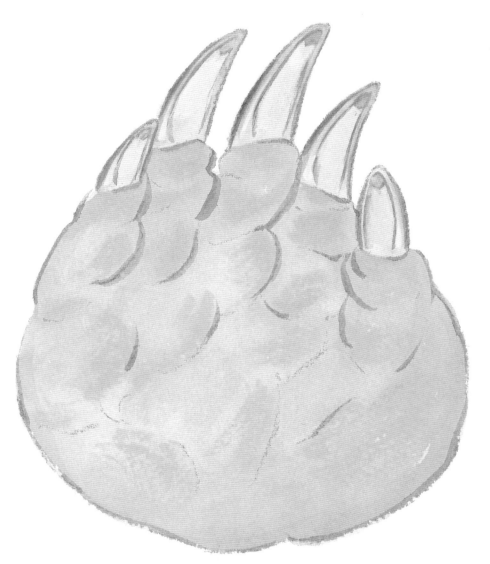

鼹鼠前脚掌真正的大小

就像这么大

宽大的脚掌上长着锋利的趾甲。
唰唰唰，
鼹鼠用它们挖出一条条地下通道。

鼹鼠是怎样挖土的呢?

🌸 从俯视的角度观看 🌸

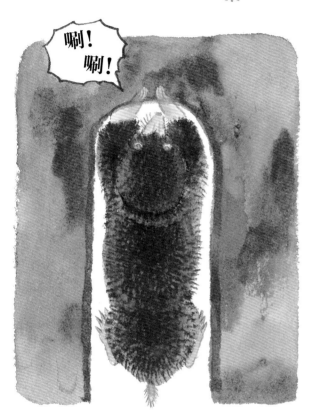

前脚插进面前的土里。

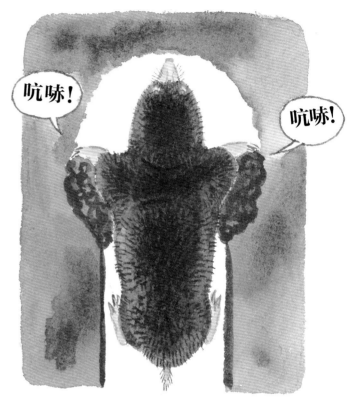

用两只宽大的前脚掌刨土。

两只前脚呈外翻姿态。

两只后脚比较细小。

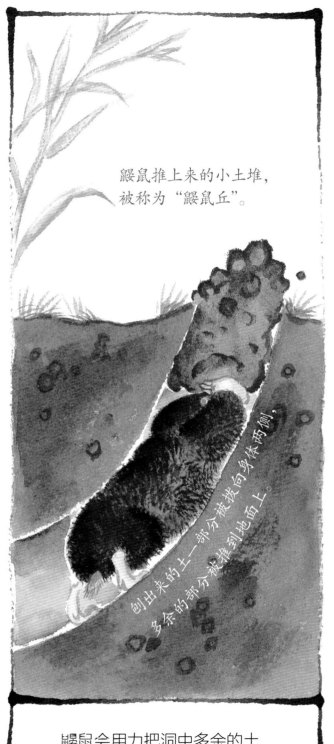

鼹鼠推上来的小土堆，
被称为"鼹鼠丘"。

刨出来的土一部分被拨向身体两侧，
多余的部分被推到地面上。

鼹鼠会用力把洞中多余的土
全部都推到地面上。

它前脚的力量非常强大。

如果你的双手像鼹鼠的两个前脚一样有力，
那你大概能举起四个相扑选手。

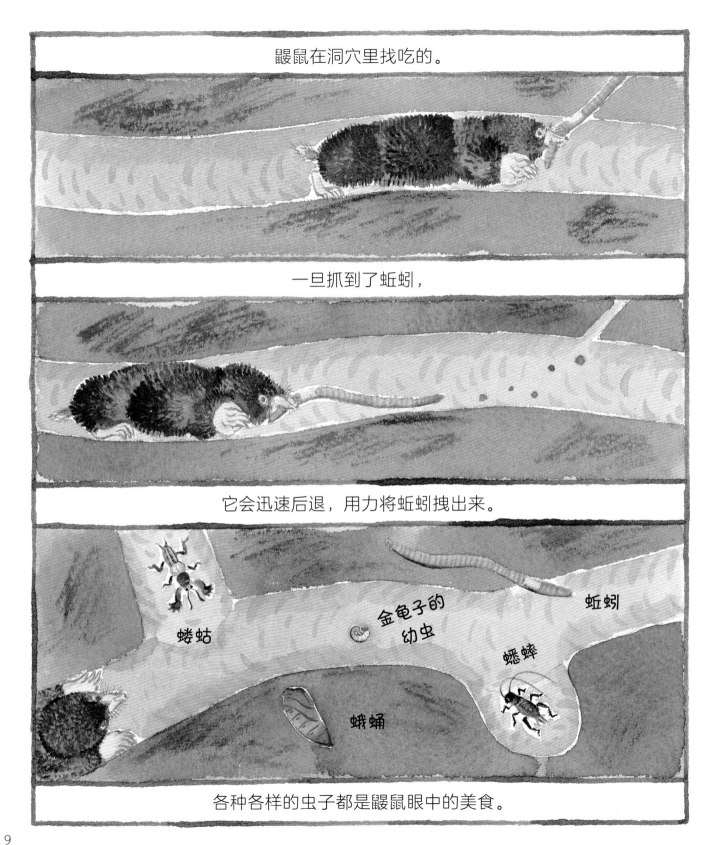

鼹鼠在洞穴里找吃的。

一旦抓到了蚯蚓，

它会迅速后退，用力将蚯蚓拽出来。

蝼蛄

金龟子的
幼虫

蚯蚓

蟋蟀

蛾蛹

各种各样的虫子都是鼹鼠眼中的美食。

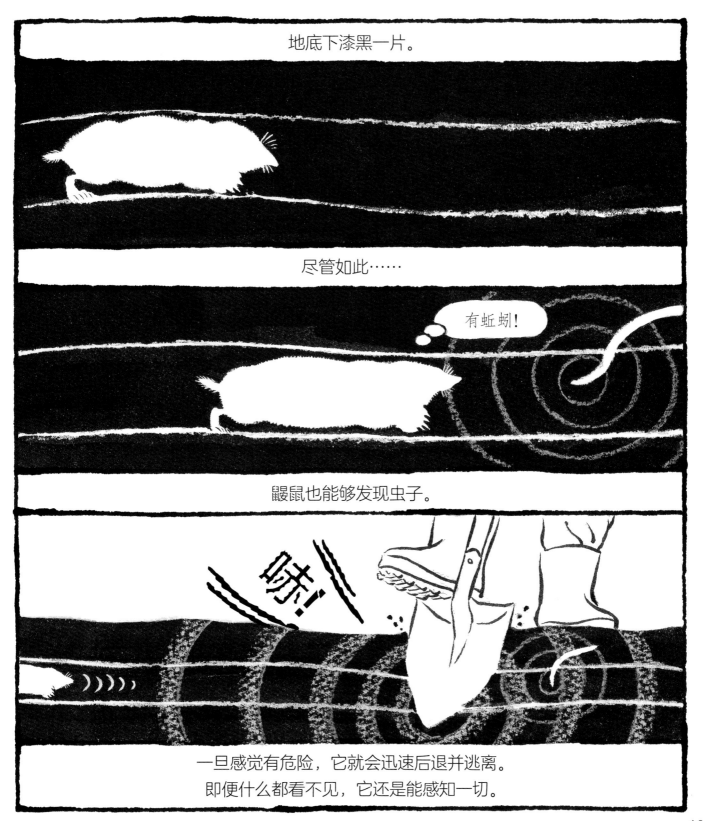

地底下漆黑一片。

尽管如此……

有蚯蚓！

鼹鼠也能够发现虫子。

咔！

一旦感觉有危险，它就会迅速后退并逃离。
即便什么都看不见，它还是能感知一切。

秘密就是"埃米尔氏器"。

在鼹鼠的鼻头上，
长着大量的细小颗粒。
这些细小颗粒状触手就是埃米尔氏器。

埃米尔氏器

只要用鼻尖轻轻触碰，
鼹鼠就能知道面前的东西是什么。
它甚至能够感知到
地面的一点点晃动和空气的微微振动。

鼹鼠的身体构造完全适应洞穴里的生活模式，
说是量身打造也不为过。

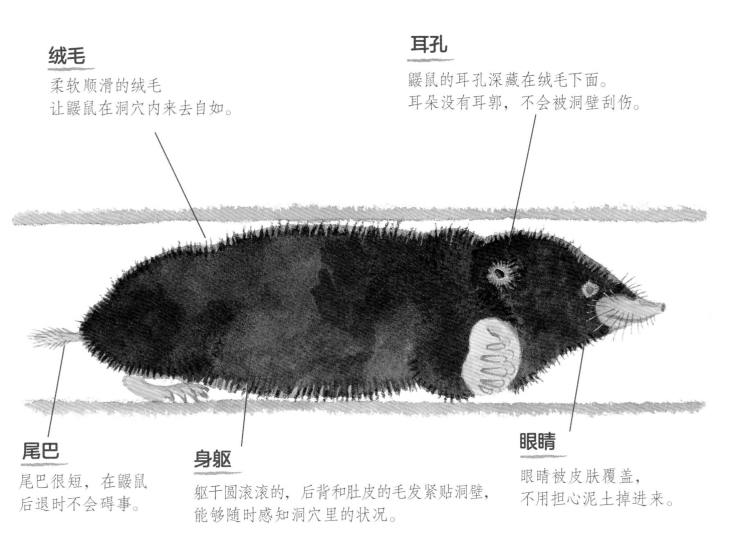

绒毛

柔软顺滑的绒毛
让鼹鼠在洞穴内来去自如。

耳孔

鼹鼠的耳孔深藏在绒毛下面。
耳朵没有耳郭，不会被洞壁刮伤。

尾巴

尾巴很短，在鼹鼠
后退时不会碍事。

身躯

躯干圆滚滚的，后背和肚皮的毛发紧贴洞壁，
能够随时感知洞穴里的状况。

眼睛

眼睛被皮肤覆盖，
不用担心泥土掉进来。

鼹鼠的绒毛柔软顺滑，耳孔深藏在绒毛下面，没有耳郭。
鼹鼠的尾巴短短的，身躯圆滚滚的。
大部分种类的鼹鼠眼睛被一层薄薄的皮肤覆盖着，没有眼睑。
鼹鼠的视力很差，眼睛能够感知光线，却什么都看不清楚。

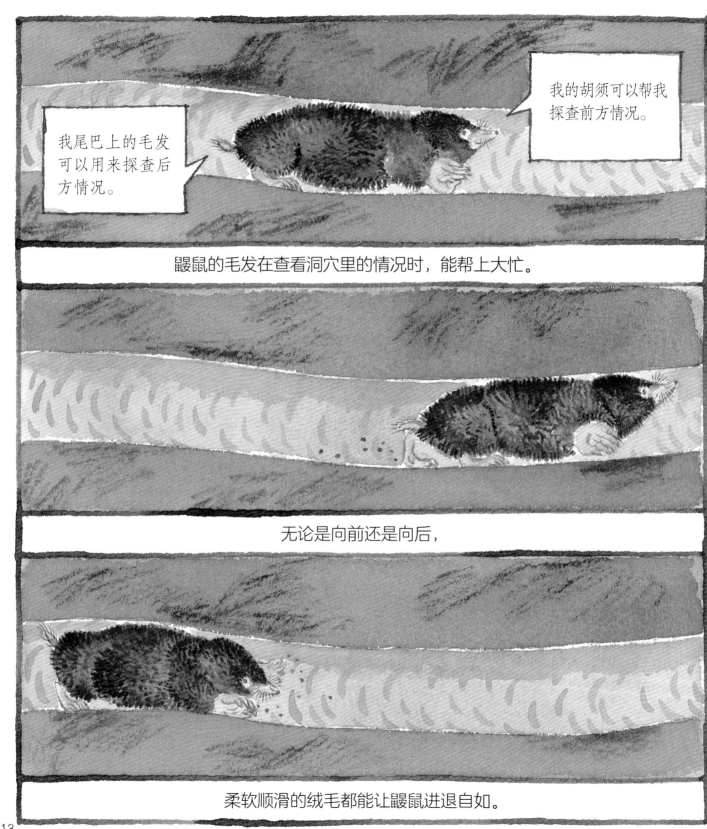

每天早晨、中午、夜晚，
鼹鼠都会在洞穴中爬行、觅食，
吃饱了就美美地睡上一觉。

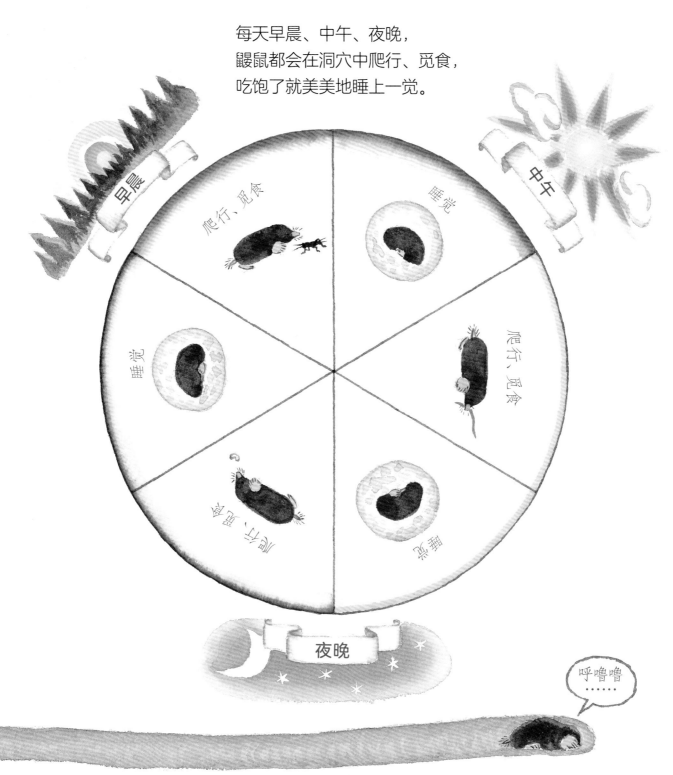

即便正在挖洞，也可以抽空打一个盹儿。

鼹鼠是个"大胃王"，
每天的食量约等于自身体重的一半。

如果换成你，你能吃下这么多食物吗？

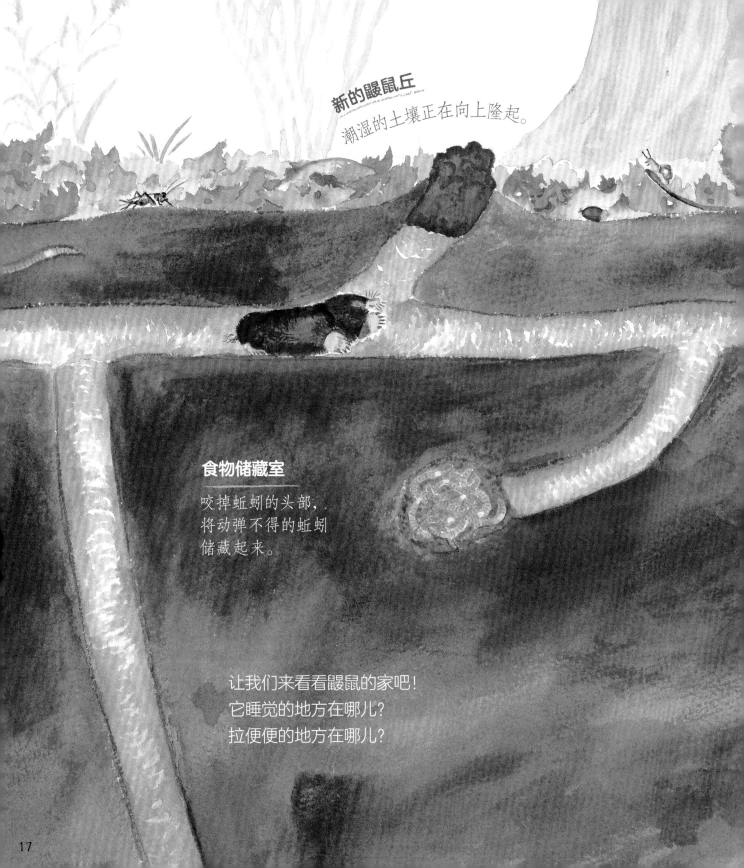

新的鼹鼠丘

潮湿的土壤正在向上隆起。

食物储藏室

咬掉蚯蚓的头部，
将动弹不得的蚯蚓
储藏起来。

让我们来看看鼹鼠的家吧！
它睡觉的地方在哪儿？
拉便便的地方在哪儿？

长根滑锈伞

在山毛榉类树木附近，从鼹鼠的粪便里生长出来的真菌。

一段时间后的鼹鼠丘

土壤变得干燥，顶部会渐渐变平。

卧室

鼹鼠会收集枯叶等材料，做出一个圆圆的球形屋。里面非常松软。

厕所

看，鼹鼠的洞穴这么长，
居住者却只有它一个。
鼹鼠的身体这么小，
住的地方简直是豪宅了。

鼹鼠几乎一生生活在地下。
可是，它也有必须到地面上来的时候。

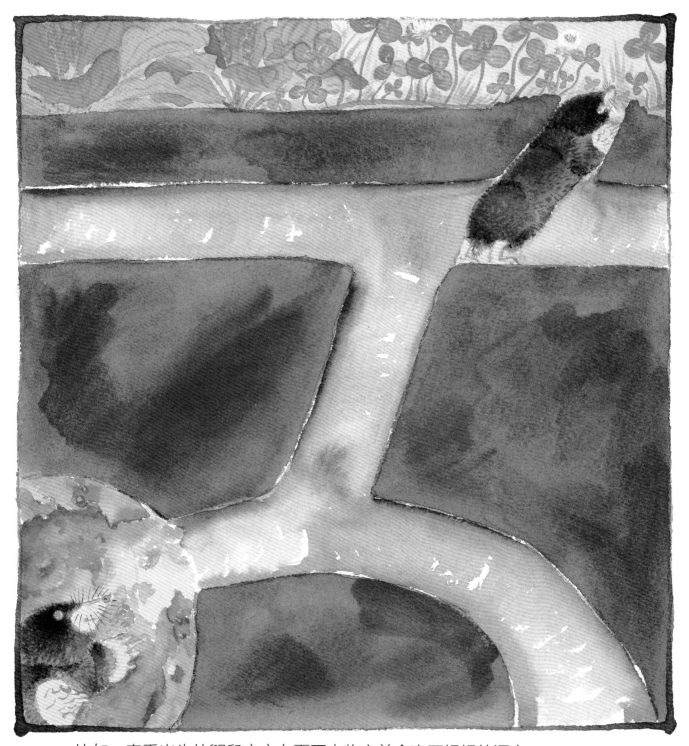

比如，春季出生的鼹鼠宝宝在夏天来临之前会离开妈妈的洞穴，
独自到地面上寻找或挖掘一个只属于自己的栖息地。

乌鸦

黄鼬狼

狸

鼹鼠宝宝不常在地面上爬行。
有很多鸟类和其他动物会盯上它。

猫头鹰

狗

猫

不会有危险吧……

24

啊！被抓住了！

鼹鼠宝宝拼命地挣扎。

扑通！它掉到了河里。
别担心，游泳可是鼹鼠的强项。

它慌里慌张地跑进了——

咔嚓！咔嚓！鼹鼠发怒时，会发出很大的声响。有时会抓挠甚至撕咬入侵者。

另一只鼹鼠居住的洞穴。

幼小的鼹鼠宝宝被赶了出来，它必须去寻找另一个洞穴。
于是，一次次寻找，又一次次被驱逐……

终于找到了！
这里应该可以成为一个好住处。

鼹鼠宝宝有生以来第一次
用自己的脚掌去挖洞。

好厉害的鼹鼠！

鼹鼠博士的
标本室

文 / [日] 川田伸一郎

鼹鼠接触阳光
也不会死。

大家好，我是鼹鼠博士川田伸一郎。

大家见过鼹鼠吗？

大概很少有人见过活蹦乱跳的鼹鼠吧！

正如这本绘本所介绍的，鼹鼠几乎一生都生活在地下，

很少在我们面前出现。因此，观察起来也非常困难。

即使对于像我这样的研究人员，它也算是一种充满谜团的动物。

我在念研究生的时候第一次遇到了真的鼹鼠，

从那以后，我对它谜一般的生活方式产生了极大的兴趣。

对鼹鼠进行饲养和观察，总会有新的发现。

接下来，由我为大家揭开鼹鼠之谜，

希望大家也可以借此了解生物学的有趣之处。

川田伸一郎

埃米尔氏器①

鼹鼠的眼睛
虽然看不清楚，
但是可以感觉
到微弱的光。

这种颗粒状组织就是
"埃米尔氏器"。

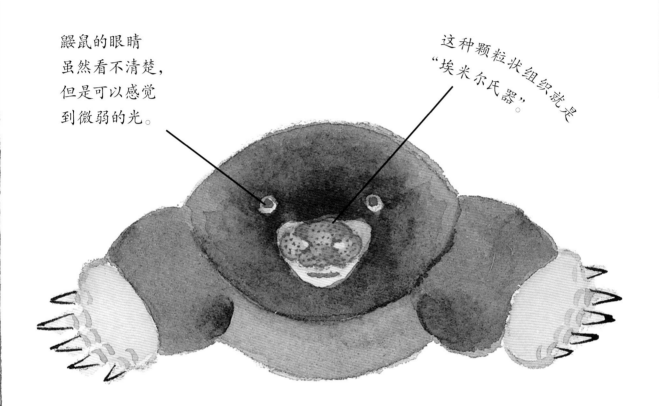

　　鼹鼠的眼睛被一层薄薄的皮肤覆盖着，几乎什么都看不到。所以说，通常情况下，鼹鼠在寻找食物时，对触觉的依赖远远大于对视觉的依赖。这时发挥作用的就是鼻尖上的埃米尔氏器。埃米尔氏器是非常细小的触觉传感器，密密麻麻排列在鼹鼠的鼻部。有了灵敏的埃米尔氏器，鼹鼠不仅可以感受到空气中细微的振动，据说还能感知它触摸到的所有物品。

不可思议的
埃米尔氏器②

星鼻鼹

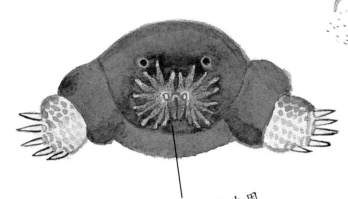

在吃东西之前，鼹鼠会先用
鼻子上的触手探查并确认食物。

鼹鼠似乎能嗅出来自左、右
方向的气味的微小差别，
从而判断食物的方位。

　　埃米尔氏器最发达的要数北美的星鼻鼹。它的鼻尖左、右各有11只像章鱼爪一样的触手，这些触手上分布着比其他种类鼹鼠多得多的埃米尔氏器。它会根据各个触手触摸的方向去寻找食物。在吃东西之前，它先用嘴前粗壮的触手确认，然后再大快朵颐。除了触觉以外，鼹鼠对听觉和嗅觉的依赖度也很高，但目前我们还没有明确鼹鼠的听觉和嗅觉在捕猎过程中发挥了多大的作用。有一位学者进行了一项实验，分别堵住鼹鼠的左、右鼻孔，结果发现，鼹鼠在寻找食物时，方向上稍微偏离了一些……这说明鼹鼠也许是靠鼻孔感觉到左、右方向的气味间的差别，并以此来确定食物的位置。

有点奇怪的
骨骼构造

肌腱把肩胛骨连接在一起。

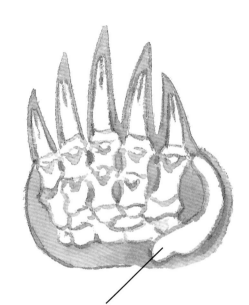

这根骨头撑大了脚掌的面积。

　　人类的肩胛骨是分开的，鼹鼠的肩胛骨却在背部由肌腱直接连接在一起。这种有点奇怪的骨骼构造发挥了杠杆的作用，使鼹鼠本就肌肉发达的前肢更加有力。哪怕再坚硬的土地，鼹鼠也能挖掘。

　　鼹鼠的前脚掌很宽，像挖掘机一样，一次可以挖很多土。请看上面右边的图片，除了五根脚趾以外，还有一根骨头伸到了脚趾的外围，撑大了脚掌的面积。

鼹鼠之谜①

平时，就算雄鼹鼠与雌鼹鼠相遇，它们也会为了争夺领地而相互争斗。

鼹鼠的身上存在很多谜团，其中最大的一个谜团就是雄性和雌性如何配对。

研究发现，鼹鼠有着很强的领地意识，雄性和雌性都想保护自己的地盘，所以平时它们都居住在各自的洞穴里，互不打扰。如果意外相遇，可能还会厮打起来。

鼹鼠之谜②

它们一年会有一次繁殖季。

雌鼹鼠一次会生3~6个鼹鼠宝宝。

　　但是，每年2月至3月的繁殖季节，它们会彼此接纳对方，繁育后代。"我愿意！"这样的信号到底是如何传达的，约会的地点在哪里，我们还不得而知。如果你能解开这些秘密，那么你也能立刻变身为鼹鼠博士！

鼹鼠分布

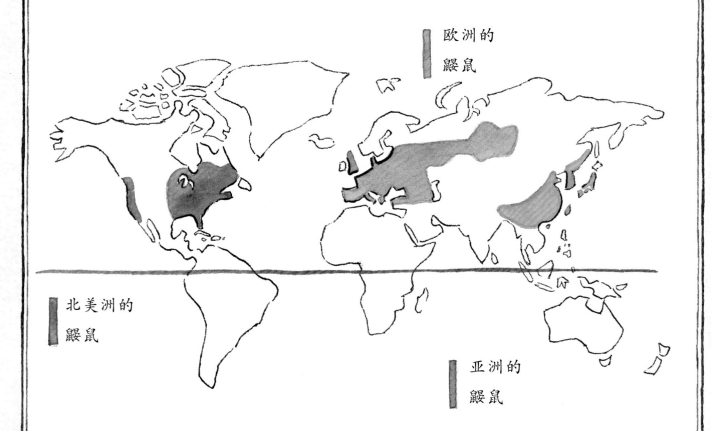

欧洲的
鼹鼠

北美洲的
鼹鼠

亚洲的
鼹鼠

　　观察此图，你会发现一个非常有趣的现象——鼹鼠大多分布在北半球。这在一定程度上反映了它的生活习性。鼹鼠更喜欢生活在气候较为温和的地区，少部分可以在高山等较为寒冷的地带生存，也有极个别种类生活在北极圈附近。

著绘者：绫井亚希子

　　绘本画家、童书画家。1967年出生于日本北海道。日本一桥大学社会学专业本科毕业。曾于印刷公司任职，同时在美术学校学习基础造型，随后进入美术学校工房任专职工作。1995年作品入选日本月刊漫画杂志《GARO》，成为专职漫画家和插画家。他对动植物有着浓厚的兴趣，并在2007年以此作为创作方向，开始创作面向儿童的绘本。其绘画风格怀旧感浓烈，对动植物的描绘细致入微，主要绘本作品有《野菜的绘本》《橡子（枹栎）的绘本》《月宫使者》《雪龙》《驴子和虎斑猫去赶集》等。《好厉害的鼹鼠》是其独立创作的第一部作品。

监修：川田伸一郎

　　动物研究专家、农学博士。1973年出生于日本冈山。日本弘前大学生物学专业硕士毕业后考入名古屋大学生命农学研究科，期间留学俄罗斯科学院西伯利亚分院，取得农学博士学位。名古屋大学生命农学博士。现任日本科学博物馆动物研究部脊椎动物研究组研究员，被称为"鼹鼠博士"。著有《鼹鼠博士的鼹鼠故事》（岩波少年新书）、《鼹鼠——对看不见的事物的好奇心》（东海大学出版会）、《你好鼹鼠——浑身是谜的小哺乳动物》（少年写真报社）。2011年，荣获日本博物馆法实施60周年纪念奖励奖。

译者：丁虹

　　丁虹绘本馆创始人兼总编辑、资深绘本编辑、译者。留学日本12年，毕业于日本神户大学地域文化专业，取得硕士学位。现任北京丁虹文化传媒有限公司CEO，投身于优秀绘本的策划、翻译及制作出版，作品近百部。主要翻译作品有《西兰花先生的理发店》《加古里子科学图鉴：我们生活的这个世界》《一家人看世界：去非洲看动物》《动物生活图鉴》《一座岛屿的100年》《如何给孩子讲绘本》等。主要策划、编辑作品有《一家人看世界：去非洲看动物》《动物生活图鉴》《一堆好朋友》，以及新版铃木绘本系列、心灵教科书绘本系列、神奇旅行绘本系列和生命的力量系列等。

图书在版编目（CIP）数据

好厉害的鼹鼠 /（日）绫井亚希子著、绘 ；丁虹译.
-- 成都 ：四川科学技术出版社，2023.8
ISBN 978-7-5727-0971-5

Ⅰ．①好… Ⅱ．①绫… ②丁… Ⅲ．①鼹科—儿童读
物 Ⅳ．① Q959.831-49

中国国家版本馆 CIP 数据核字（2023）第 082035 号

著作权合同登记号 图进字 21-2023-95

好厉害的鼹鼠
HAOLIHAI DE YANSHU

著 绘 者 〔日〕绫井亚希子 译 者 丁 虹			

出 品 人　程佳月　　　　　　　　　　　　成品尺寸　210 mm×230 mm

责任编辑　陈 丽　　　　　　　　　　　　印　张　2

特约编辑　冯小伟　张玉丽　郑朋娜　　　　字　数　40 千

装帧设计　贾 山　　　　　　　　　　　　印　刷　北京尚唐印刷包装有限公司

责任出版　欧晓春　　　　　　　　　　　　版　次　2023 年 8 月第 1 版

出版发行　四川科学技术出版社　　　　　　印　次　2023 年 8 月第 1 次印刷

　　　　　地址　成都市锦江区三色路 238 号　邮政编码 610023　　定　价　68.00 元

　　　　　官方微博　http://weibo.com/sckjcbs

　　　　　官方微信公众号　sckjcbs

　　　　　传真　028-86361756

ISBN 978-7-5727-0971-5